童心筑梦·美丽新时代　冯俊　总主编

零碳未来

冯相昭／分册主编　黎　明／著

江苏凤凰少年儿童出版社　中共党史出版社

图书在版编目（ＣＩＰ）数据

零碳未来 / 黎明著. -- 南京：江苏凤凰少年儿童
出版社；北京：中共党史出版社，2023.7
（童心筑梦·美丽新时代）
ISBN 978-7-5584-2900-2

Ⅰ. ①零… Ⅱ. ①黎… Ⅲ. ①生态环境建设－中国－
儿童读物 Ⅳ. ①X321.2-49

中国版本图书馆CIP数据核字(2022)第160168号

文中未标注出处图片经视觉中国、图虫创意网站授权使用

总 策 划　王泳波　吴　江
分册策划　陈艳梅　姚建萍

书　　名　童心筑梦·美丽新时代 - 零碳未来
TONGXIN ZHUMENG·MEILI XINSHIDAI–LINGTAN WEILAI

作　　者　黎　明
内文插画　姜大海
封面绘画　付　璐
责任编辑　张婷芳　赵　雨　范先慧
助理编辑　毛梦云
美术编辑　王梓又
装帧设计　孔文伟
责任校对　秦显伟
责任印制　季　青
出版发行　江苏凤凰少年儿童出版社 / 中共党史出版社
地　　址　南京市湖南路 1 号 A 楼，邮编：210009
印　　刷　南京新世纪联盟印务有限公司
开　　本　889 毫米 ×1194 毫米　1/16
印　　张　7.75　插页 4
版　　次　2023 年 7 月第 1 版
印　　次　2023 年 7 月第 1 次印刷
书　　号　ISBN 978-7-5584-2900-2
定　　价　75.00 元

如发现质量问题，请联系我们。
【内容质量】电话：025-83658200　邮箱：maomy@ppm.cn
【印装质量】电话：025-83241151

总序言：尊重自然 顺应自然 保护自然

冯 俊

人是自然中生长出来的"精灵"，人是自然的一部分。

古希腊哲学家认为，生命起源于水，大地浮于水上。大海是生命的源泉，也是人们生活劳作与贸易交往的场所。中国的先哲认为，"天人合一""人法地，地法天，天法道，道法自然"。

人类发展到今天已经走过了原始文明、农业文明、工业文明几个阶段，正在迈入生态文明阶段。在文明的不同发展阶段，人类对自然的认知，与自然的关系是不一样的。

在原始文明阶段，人类学会适应自然，在自然界获取食物，求得生存和种群的繁衍，在应对各种自然灾害和其他动物的攻击中幸存下来。在农业文明阶段，人类适应自然时令的变化，尊重自然的规律，在劳动中建立了与自然的互动关系，自然给人类的劳作以馈赠，人类对自然充满感恩，并且欣赏自然的美。"采菊东篱下，悠然见南山""稻花香里说丰年，听取蛙声一片""疏烟沉去鸟，落日送归牛"，人和自然汇成了一曲田园牧歌。

　　近代欧洲哲学有两位重要的开创者：一位是英国经验主义哲学家弗兰西斯·培根，他提出"知识就是力量"，知识是人认识自然、改造自然的力量；一位是法国理性主义哲学家笛卡尔，他提出"人是自然的主人和拥有者"。他们都认为人类可以认识自然、利用自然为人类自身造福，他们高扬了人的主体地位，展现了启蒙精神。随着工业革命和科学技术的广泛应用，人类进入工业文明时代，人和自然的关系发生了重大的变化。人与自然的关系成为认识—被认识、开发—被开发、改造—被改造、利用—被利用的关系，人充满着"人定胜天"的自信，陶醉于对自然的"胜利"，认为自己已经成为自然界的主宰，成为自然的中心。然而，人类对自然的每一次"胜利"，都可能受到自然的更为严厉的报复和惩罚。"人类中心主义"导致自然越来越不适合人类的生存，科学技术至上的后果是科学技术制造出会灭绝人类自身的武器。

　　生态文明时代，人类从人人平等、尊重人、爱护人推及人和自然应该平等相待，人应该尊重自然、爱护自然，认识到人不是自然万物的主宰，而是它们的朋友和邻居，产生了尊重一切生命的"生命伦理"和尊

重自然万物的"生态伦理"。

走向生态文明新时代，建设美丽中国，是实现中华民族伟大复兴中国梦的重要内容。人民对美好生活的向往要求我们树立尊重自然、顺应自然、保护自然的生态文明理念，形成绿色的生产方式、生活方式。"绿水青山就是金山银山"，我们不仅要建立我们这一代人的公平、正义的社会环境，还要注重"代际公平"，为子孙后代留下天蓝、地绿、水清的生产生活环境，让每一代人都能过上美好的生活。

江苏凤凰少年儿童出版社、中共党史出版社联合出版的"童心筑梦·美丽新时代"丛书是对少年儿童进行生态文明教育的好读本，通过《绿水青山》《美丽海湾》《国家公园》《零碳未来》几本书展现了人与自然和谐共生、保护海洋、保护生物多样性、减污降碳的全景画面，让少年儿童认识祖国的绿水青山和碧海蓝天，领略祖国的美和大自然的美，激励少年儿童为建设人类共同的美好未来而学习和奋斗！

（作者系原中共中央党史研究室副主任，
中共中央党史和文献研究院原院务委员）

践行绿色低碳生活，
一起迈向零碳未来

冯相昭

以全球变暖为主要特征的气候变化是全人类面临的严峻挑战。近年来，高温热浪在北半球"肆虐"已经屡见不鲜。相关卫星数据显示，在2021年，以平均气温极低而闻名的北极附近西伯利亚地区遭遇持续热浪，地表温度飙升。2022年，我国大部分地区也经历了一个酷热难耐的夏天，8月期间，中央气象台连续十多天发布高温红色预警，有9个省份的部分地区最高气温达到40℃以上；位于江西的中国最大的淡水湖——鄱阳湖，创下1951年有记录以来最早进入枯水期的纪录。监测数据表明，8月21日，鄱阳湖的水体面积与近10年同期平均值相比减小约67%。

应对气候变化，保护我们赖以生存的地球气候系统，是为了人类的共同未来。为控制全球气候变暖，世界各国不仅需要加快发展气候友好型能源系统、变革生产制造方式，还需要践行绿色低碳生活理念，促进消费方式转变。近年来，我国在全民绿色生活方面做了许多探索实践，并取得了积极成效，比如实行"光盘行动"的绿色饮食，采用环保建材的绿色居住，实施垃圾分类的绿色回收，使用共享单车的绿色出行等。在碳达峰、碳中和的新形势下，相关部门有必要进一步加强宣传教育，将生态文明教育纳入国民教育体系，开展多种形

式的资源环境国情教育，普及碳达峰、碳中和基础知识；同时，将绿色低碳的理念融入家庭教育、学校教育，组织开展第二课堂等社会实践。

积极践行简约适度、绿色低碳、文明健康的生活方式，已成为我国绿色低碳全民行动中不可或缺的部分。这不仅需要政府的大力推动，更需要民众的积极响应和身体力行。汲取中华优秀传统文化的养分，秉承勤俭节约的原则，摒弃奢侈浪费和不合理消费，破除奢靡铺张的歪风陋习，坚决制止餐饮浪费行为。同时，我们也可以借鉴国外的绿色低碳实践经验。

零碳是未来社会的主旋律，青少年是未来社会的生力军。本书以轻松的风格，为青少年提供了与零碳未来亲密接触的机会，希望可以激发青少年了解和掌握双碳知识的兴趣，助力青少年积极践行绿色低碳生活方式，一起携手，为我国的"3060"双碳目标作出自己的贡献。

（冯相昭，现就职于中国电子信息产业发展研究院节能与环保研究所，原生态环境部环境与经济政策研究中心能源环境研究部负责人）

目 录

碳

达峰 · 碳中和

　　作为一名环保小达人，近年来，你一定经常听到"碳达峰""碳中和"这两个词语。那么，它们究竟是什么意思呢?

　　碳达峰，指的是二氧化碳排放量达到最高值，并在随后开始逐步下降;碳中和，是指通过植树造林、节能减排等形式，抵消人类自身产生的二氧化碳排放量，实现"净零碳排放"。这两个新词是控制和减少碳排放这项长久工程的两个重要术语，合称"双碳"。尽早实现碳达峰碳中和，进入净零碳社会，是全人类的共同目标。

桂林山水 / 图片来源 视觉中国

不同寻常的"碳"

■ 婺源月亮湾风光 / 图片来源 视觉中国

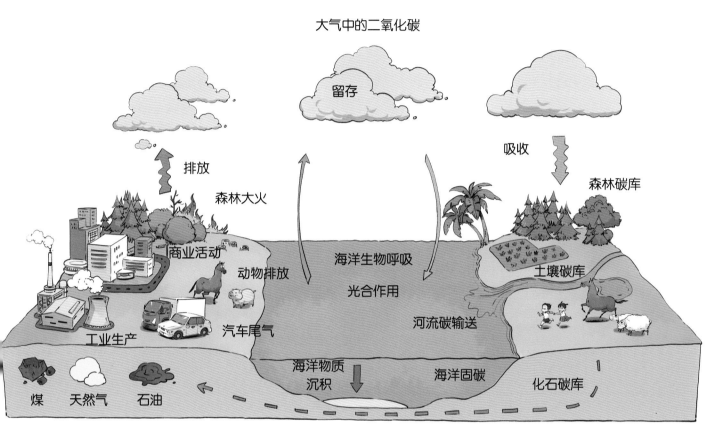

大气中的二氧化碳

留存

吸收

排放

森林大火

森林碳库

商业活动

动物排放

海洋生物呼吸

光合作用

土壤碳库

汽车尾气

河流碳输送

工业生产

海洋物质沉积

海洋固碳

化石碳库

煤　天然气　石油

碳循环的过程

　　说起碳，你想到了什么？是黑漆漆的石墨，还是亮闪闪的钻石？碳是地球上古老的元素之一，它和生命的起源、发展息息相关。碳无处不在，并在地球大气、江河湖海、地壳沉积岩和生物体中"循环旅行"，这一过程被称为**"碳循环"**。

　　然而，全球变暖和气候恶化也跟碳紧密相关。碳的一种化合物——二氧化碳是温室气体的主要成分，人们甚至把温室气体排放简称为**"碳排放"**。

知识
链接

二氧化碳：

二氧化碳是碳的化合物，与全球变暖密切相关，它是温室气体的"代言人"。

■ 发电厂二氧化碳排放

温室效应：

温室效应又称"花房效应"，是大气保温效应的俗称。温室效应是指透射阳光的密闭空间因为与外界缺乏热对流而形成的保温效应。

■ 温室效应

温室气体：

温室气体指的是以二氧化碳、水蒸气为代表的，大气中能吸收地面反射的长波辐射，并重新发射辐射的一些气体。

这么多的温室气体究竟是从哪里来的呢？

 温室气体的来源很广泛，下面这些都是温室气体的来源。

熊熊燃烧的森林大火

冒着浓烟的热电厂

马路上一眼望不到头的燃油汽车

农场里的牛、羊等打嗝和放屁

那人呼出的二氧化碳算温室气体吗？水蒸气算温室气体吗？

人类呼出的二氧化碳也是温室气体。不过，相对于其他人类活动产生的二氧化碳，人类呼出的二氧化碳可以忽略不计。要知道，人类过度利用化石能源导致的碳排放才是温室气体的主要来源。

水蒸气是实实在在的温室气体。水蒸气、二氧化碳等自然界普遍存在的温室气体形成了地球的天然保温层。温室气体一直保护着我们的地球，假如没有温室气体，地球表面就无法保存热量。

人们现在之所以会谈温室气体而色变，是因为随着人类社会的发展，人类向大气中排放的温室气体越来越多，温室效应逐年加剧。

■ 温室气体／图片来源 视觉中国

超量的碳排放

■ 发电厂冷却水塔里冒出的蒸汽 / 图片来源 图虫创意

知识点速览

　　碳排放过多会导致温室效应加剧、全球变暖，给地球和人类带来灾难。

加速北极熊的灭绝

给企鹅带来灭顶之灾

森林大火频发

引发旱灾，触发全球粮食危机。

如果全球平均气温

升高 1℃

　　海平面会上升超过 2 米，导致巴厘岛、马尔代夫等海拔较低的地区逐渐缩小，甚至消失。

升高 2℃

　　全球99%的珊瑚礁将会消亡，全球大面积永久冻土会解冻，加剧全球变暖的进程。

升高 5℃

　　地球整体环境将被完全破坏，极有可能引发生物大灭绝。

中国开启"双碳"元年

■ 遇龙河山水 / 图片来源 视觉中国

我国积极应对全球变暖趋势，主动做出减排承诺，彰显了大国责任与担当。

2020 年 9 月，中国在联合国大会上做出承诺：

在 2030 年前实现碳达峰。

在 2060 年前实现碳中和。

2021 年，碳达峰、碳中和首次被写入《政府工作报告》，中国开启"双碳"元年。

碳达峰

指的是二氧化碳排放量达到最高值，并在随后开始逐步下降。碳达峰是实现碳中和的基础和前提。

碳中和

是指通过植树造林、节能减排等形式，抵消人类自身产生的二氧化碳排放量，实现"净零碳排放"。碳中和是全人类的共同目标。

大美中国，零碳家园

目前，我国的环境保护基础良好，可再生能源发展实现新突破，森林面积连年增长，生态环境保护已经发生历史性、转折性、全局性变化。我们有信心、有能力构建美好的零碳家园。

■ 中国森林美景 / 图片来源 视觉中国

● 交通出行

地面交通： 新能源汽车逐步取代燃油车。

智慧交通： 城市道路不易拥堵，交通效率大大提升。

航空航运： 大力推进新能源、清洁能源的应用。

● 生态环境

空气质量： PM2.5 浓度降低，空气质量显著提升。

植被覆盖： 森林和草原面积扩大，覆盖率越来越高。

生物多样： 生态系统日益完善，生物多样性增强。

● 能源结构

能源升级： 以风能、太阳能和生物质能等为代表的新能源成为主要能源来源。

能源消费： 绿色清洁的能源满足社会能源需求。

能源安全： 能源供应得到保障，国家能源安全水平全面提升。

美好零碳生活

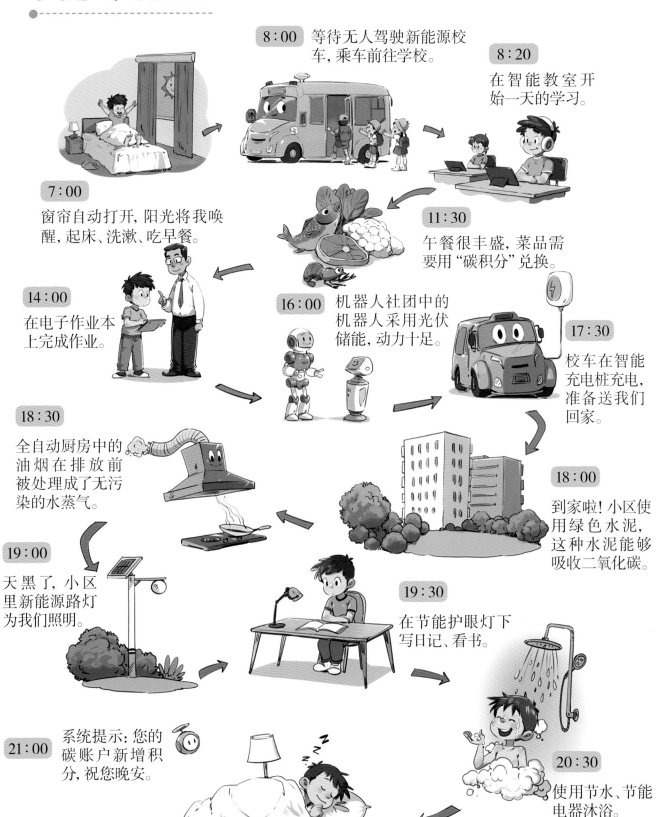

8:00 等待无人驾驶新能源校车,乘车前往学校。

8:20 在智能教室开始一天的学习。

7:00 窗帘自动打开,阳光将我唤醒,起床、洗漱、吃早餐。

11:30 午餐很丰盛,菜品需要用"碳积分"兑换。

14:00 在电子作业本上完成作业。

16:00 机器人社团中的机器人采用光伏储能,动力十足。

17:30 校车在智能充电桩充电,准备送我们回家。

18:30 全自动厨房中的油烟在排放前被处理成了无污染的水蒸气。

18:00 到家啦!小区使用绿色水泥,这种水泥能够吸收二氧化碳。

19:00 天黑了,小区里新能源路灯为我们照明。

19:30 在节能护眼灯下写日记、看书。

21:00 系统提示:您的碳账户新增积分,祝您晚安。

20:30 使用节水、节能电器沐浴。

清洁 / 能源

近几年，全球开始新一轮能源革命，各国逐渐减少煤炭、石油、天然气等化石能源的消耗，代之以新能源和可再生能源。

我国清洁能源市场潜力巨大，清洁能源产量名列前茅。在新一轮的能源革命中，中国的成绩让全世界瞩目。

■ 清洁能源 / 图片来源 图虫创意

太阳能：光伏革命

俗话说，"万物生长靠太阳"。地球上的植物吸收阳光，通过光合作用合成有机物，同时释放氧气。从某种意义上来说，地球上的大部分能源都直接或间接地来源于太阳。

太阳能是一种清洁的、可再生的绿色能源，太阳能发电是目前人类利用太阳能的主要方式之一。

太阳能发电的优点：广泛持久　安全可靠　无噪声　无污染　设备建设周期短　能源质量高

设在山坡上的太阳能光伏　图片来源 图虫创意

太阳能发电分为光伏发电和光热发电两种类型。相对而言，光伏发电技术更为成熟。目前，我国光伏发电产业链建设居全球领先地位，累计装机规模全球第一。

光伏发电和光热发电有什么区别？

主要是能量转换方式不一样。光伏发电是指太阳光直接转换为电能；光热发电是指太阳光先转换为热能，再转换为电能。

■ 太阳能光热发电

龙羊峡水光互补光伏电站

■ 龙羊峡光伏发电

位于青海省的龙羊峡水光互补光伏电站是我国首个，也是目前全球规模最大的水光互补并网光伏电站。该电站利用水能和太阳能联合发电，从而提高能源利用效率，平均每年可为全国供电 14.94 亿千瓦·时，这相当于每年节约火电标准煤 46.46 万吨，减少二氧化碳排放约 123 万吨。

中国首个空间太阳能电站实验基地

我们都知道，太阳能靠的是阳光的照射，那么，夜晚和阴雨天怎么办呢？科学家们提出了一个伟大的构想："逐日计划"——去太空建设太阳能电站。2021 年 6 月，我国重庆市璧山区的空间太阳能电站实验基地正式开建，这是我国第一个空间太阳能电站实验基地。

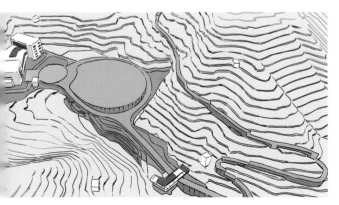

璧山区空间太阳能电站实验基地示意图

风能：插上"翅膀"的能源

  风能是空气流动所产生的动能，它是太阳能的一种转化形式。风电项目是我国重点发展的清洁能源项目之一，我国风电项目新增装机量连续多年位居世界前列。目前，风电已经成为仅次于火电、水电的我国第三大电力来源。

■ 风力发电／图片来源 视觉中国

大地上的风电

如果去我国中西部旅行，旅途中，你经常能看到一排排七八十米高的白色"塔筒"矗立在山上，每个塔筒上面都有 3 片硕大的叶片。这一架架白色的"风车"其实是风力发电机，它们在风的吹动下缓缓旋转。蔚蓝的天空、白色的叶片、广阔的田野，构成了一幅让人流连忘返的壮美画卷。

■ 风力发电

大海上的风电

我国陆地和海洋面积广阔，且岛屿众多，拥有漫长的海岸线，海上风电潜力巨大。

■ 海边风力发电

水能：蓝色星球的能量

　　水被誉为"生命之源"，地球表面约 71% 的面积被水覆盖。水能是一种可再生能源，水力发电是水能利用的重要方式。

　　我国是全球水资源丰富的国家之一。水利水电工程除了能发电外，还具有防洪、灌溉、供水、航运等多种用途。

■ 建德新安江水电站／图片来源 视觉中国

想知道吗？

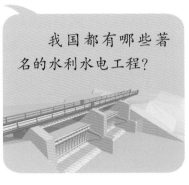

我国都有哪些著名的水利水电工程？

我国的水利水电工程非常多，例如，三峡水电站、溪洛渡水电站、白鹤滩水电站、乌东德水电站等。其中，三峡水电站是世界上最大的水利水电工程。

三峡水电站

三峡水电站又被称为"三峡工程"，位于我国湖北宜昌市，它是中国有史以来建设的最大型工程项目。

三峡水电站大坝高程 185 米，蓄水高程 175 米，水库长 2335 米，项目共安装了 34 台水电机组。**三峡水电站是全世界最大的水力发电站和清洁能源生产基地之一。**

■ 三峡大坝／图片来源 视觉中国

三峡工程的三大效益：

防洪　　　发电　　　航运

海洋能：神秘大海的馈赠

　　一望无际的大海，不仅为人类提供水产、矿藏，还蕴藏着巨大的可再生能源。潮汐能、海流能、海洋温差能、盐差能等都是海洋可再生能源的组成部分，海洋能发展前景广阔。

潮汐能

　　海洋每天潮起潮落所产生的能量叫潮汐能。早在 20 世纪 50 年代，我国就开始建立潮汐水电站。

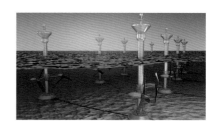

海流能

　　海流能产生的原理与潮汐能相同，因发电装置位于海面以下，海流能源利用装置也被喻为"水下风车"。

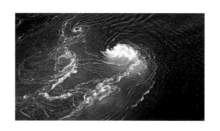

海洋温差能

　　海洋表层和海洋深处的海水温度相差很大，这种温度差中蕴藏的能量叫海洋温差能。

盐差能

　　江河入海口是淡水和海水交界的地方，这一区域水中盐离子的浓度差也能产生一种可以发电的能量。

■ 青岛海岸风光 / 图片来源 图虫创意

我国海岸线长，海域面积大，海洋能的开发具有先天优势。随着科学技术的不断进步，我们身边的能源将越来越多地来自海洋。或许某一天，点亮你家电灯的电能就来自某片海域的海洋能发电站。

了不起的中国成就：东海的"新乐团"

在我国东海，坐落着世界首座海洋潮流能发电站。这座诞生于 2016 年 7 月的发电站，将来自大海的清洁能源通过国家电网输送到千家万户。由于造型独特，它又被称为"东海小提琴"。

2022 年 2 月 24 日，世界最大单机容量潮流能发电机组"奋进号"在浙江舟山秀山岛成功下海。"奋进号"的连续运行时间和发电量均居世界前列。它的外形像一把古筝，这把古筝与前文提到的"东海小提琴"共同组成"海上乐团"，演奏出动人的新能源之歌。

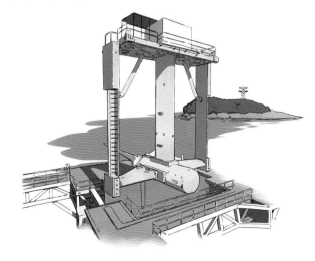

▲ "奋进号"示意图

生物质能：世界第四大能源

生物质能是指自然界中由植物提供的可再生能源，这些植物通过光合作用将太阳能转化为生物质，主要包括农业生物质能、林业生物质能、藻类生物质能以及垃圾生物质能等。

■ 大兴安岭原始生态环境／图片来源 视觉中国

为什么说生物质能本质上是太阳能呢?

生物质能是太阳能以化学能形式储存在生物质中的能量,所以我们才说生物质能的本质是太阳能。

生物质能主要来源于以下几个方面:

农业生物质能: 利用植物、动物和微生物等制成的能源。

藻类生物质能: 利用藻类制成的能源,藻类分为绿藻、褐藻和红藻等。

林业生物质能: 利用树木、灌木、林业废弃物等制成的能源。

垃圾生物质能: 利用垃圾中的有机部分,采用生物发酵等方式制成的能源。

想知道吗?

生物质能有什么优点?

生物质能具有低污染、低成本、分布广、可再生等优点,它被誉为继煤炭、石油、天然气之后的"世界第四大能源"。

生物质能主要用在哪些方面?

生物质能主要用于发电、供热、制气、制油、制生物质炭等方面。在全球可再生能源中,生物质能占比很大。

氢能: 21世纪的"终极能源"

　　氢能是指氢气和氧气进行化学反应后释放出的化学能。氢能具有能量密度大、零污染、零碳排放等优点。

　　氢燃烧的产物是水，氢能是名副其实的清洁能源，它被誉为21世纪的"终极能源"。

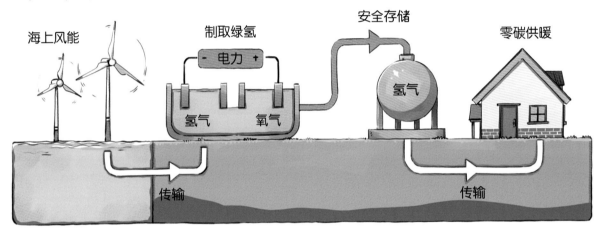

按照制取方式的不同，氢气可以分为灰氢、绿氢和蓝氢。它们之间究竟有什么不同？

生产氢需要使用能源。使用普通化石能源生产出来的氢被称为"灰氢"；使用可再生能源生产出来的氢被称为"绿氢"；使用普通化石能源，并与碳捕捉、碳封存技术结合生产出来的氢，就被称为"蓝氢"。

氢能点燃冬奥会主火炬

2022 年北京冬奥会的开幕式上，点燃主火炬的燃料正是氢能。这是冬奥会历史上首次实现火炬的零碳排放。

▲ 北京冬奥会主火炬示意图

氢能大巴

2022 年北京冬奥会期间，搭载"氢腾"燃料电池的氢能大巴华丽亮相。这是冬奥会历史上第一次大规模使用氢能大巴作为主运力。

▲ 氢能大巴示意图

氢能火车头

2021 年 10 月，全国首台氢燃料电池混合动力机车在内蒙古锦白铁路正式上线。锦白铁路干线使用该氢燃料机车后，每年可减少碳排放量约 9.6 万吨。

▲ 氢能机车示意图

氢能工作船

2023 年 3 月，"三峡氢舟 1 号"在广东省中山市下水。这是我国首艘 500 千瓦氢燃料电池动力工作船。

▲ 氢能工作船示意图

核能：从武器到能源

　　核能是原子核裂变或者聚变释放出来的能量，又被称为"原子能"。核能曾经被用于制造威胁世界和平的武器，但现在，核能的主要用途是发电。与石油、煤炭、太阳能、风能等其他能源相比，人类发现和利用核能的历史要短得多。

■ 核电厂 / 图片来源 图虫创意

为什么说威力巨大的核能是清洁能源？

核电站不会像火力发电站那样向大气中排放大量的温室气体和煤渣等污染物。核电站正常运行产生的放射性污染也小到可以忽略不计。所以说，虽然威力巨大，核能却是清洁能源。

华能石岛湾核电站

2021年12月20日，我国具有完全自主知识产权的国家科技重大专项、全球首座第四代核电机组——华能石岛湾核电站示范工程1号反应堆成功并网发电。这标志着我国第四代高温气冷堆正式投入运营，它将在优化能源结构、实现"双碳"目标方面发挥积极作用。

▲ 华能石岛湾核电站示意图

中国"人造太阳"

2023年4月12日，我国独立设计制造的EAST（东方超环）——俗称"人造太阳"，成功实现403秒稳态长脉冲等离子体运行，再次刷新了世界纪录。科学家表示，计划用10年的时间建成核聚变发电示范工程，这将有助于实现"双碳"目标，并且让核电技术更加安全可靠。

▲ 中国"人造太阳"示意图

地热能：来自地球深处的新能源

地球是个炽热的星球，虽然外表覆盖着冷冷的地壳，内部温度却高得惊人。据科学家推算，地心的温度在 6 000℃以上，地壳下大量炽热岩浆的平均温度超过 1 000℃。

高温物体中通常蕴含着大量的能量，科学家把地球内部蕴含的热能叫作"地热能"。地热能具有储量大、分布广、清洁环保、稳定可靠等特点，是一种潜能无限的清洁能源。

■地热能源/图片来源 视觉中国

地热能离我们并不遥远，温泉就是一种地热能资源。

地热能的用途还有很多：

分类	温度界限（℃）	主要用途
高温地热资源	>150	发电、烘干等
中温地热资源	90～150	工业利用、发电、烘干等
低温地热资源	热水 60～90	供暖、工艺流程等
	温热水 40～60	医疗、洗浴、卫生等
	温水 25～40	农业灌溉、养殖、土壤加温等

我国首个供暖"无烟城"

距离北京约 130 千米的雄县县城，已经成为我国首个供暖"无烟城"。雄县是著名的"温泉之乡"。2009 年以来，雄县开始大规模开发地热资源，如今，基本实现城区地热集中供暖全覆盖。

目前，我国地热开发总量连续多年位居世界前列，地热供暖面积逐年上升。

泡温泉也是利用地热能的一种方式吗？

是的。温泉不仅温度适中，还含有多种对人体有益的矿物质。

储能技术：智慧储能"百花齐放"

简单来说，储能技术指的是将电能转化为其他形式的能源储存起来，等需要的时候再拿出来用的技术。这就好比人们将钱存在银行账户中，需要用钱的时候再将钱取出来使用。

储能技术是有效利用能源的"最后一千米"，不同的储能技术根据储能容量、能量密度、充放电时间、功率密度等特点应用在不同的地方。

储能技术主要分为：

机械储能 · 电磁储能 · 电化学储能 · 氢储能

机械储能：

机械储能也叫"物理储能"，主要包括抽水蓄能、飞轮储能和压缩空气储能三种方式。

电化学储能：

电化学储能主要包括液流电池、锂离子电池、铅酸电池、钠硫电池等。电化学储能技术较为成熟，具有响应速度快，不受外部环境限制的特点。

电磁储能：

电磁储能主要包括超导储能和超级电容储能两种方式。电磁储能响应速度快、功率密度高且对环境友好。

氢储能：

氢储能是指利用过剩电力或成本较低的电力进行电解水制氢，并将氢气储存起来的一种技术。

■ 分布式储能电站 / 图片来源 视觉中国

大电网的"充电宝"

机械储能·抽水蓄能

特点： 性格挑剔，喜欢偏僻之处，对地理环境要求较高。

人类用电紧张时，我再把水放下来给他们发电。

人类的电够用时，我就用电把水运上水库。

新能源的"储蓄罐"

电化学储能·锂离子电池储能

特点： 合群又百搭，可充可放，寿命长。

我是光伏发电、风力发电的好搭档。

他们发的电都会先送到我这里储存起来。

"西电东送" 国家工程

你相信吗？在西部河川奔流的朵朵浪花，能点亮千里之遥东部的万家灯火。

这可不是想象，而是我国"西电东送"国家工程铺就的美丽画卷。

■ 原野上的"西电东送"线路/图片来源 视觉中国

知识点速览

为什么要"西电东送"?

我国西部资源虽然丰富,却有待开发;东部经济发达,却缺乏能源。积极开发西部清洁能源,实施"西电东送",是一项东西部共同受益的宏伟工程。

距离这么遥远,电是怎么送过去的呢?

"西电东送"涉及三项关键技术:清洁能源、特高压和智能电网。其中,清洁能源是供应资源的核心,智能电网是能源调度平台,特高压是能源输送渠道。三项关键技术相互作用,就能实现东西部能源的优化配置。

"西电东送"有哪些路线呢?

"西电东送"有三大线路:北线由内蒙古、陕西等地向华北电网输电;中线由四川、重庆等地向华中、华东电网输电;南线由云南、贵州、广西等地向华南电网输电。

翻山越岭的清洁能源"大动脉"

乌东德水电站位于云南和四川交界的金沙江干流上，是中国第四、世界第七大水电站，它生产的绿色高效电能会通过一条"大动脉"，源源不断地送往我国东南地区。

■ 乌东德水电站

这条"大动脉"都会经过哪些地方呢？

途经云南省、贵州省、广西壮族自治区、广东省，跨过1452千米的高山河湖。

○ 云南昆北换流站

广西柳北换流站

○ 广东龙门换流站

电的运输像高铁一样，中间会有站点吗？

有的。这条大动脉中间有三个重要站点：云南昆北换流站、广西柳北换流站和广东龙门换流站。

■ 示意图

低碳 / 工业

　　人类从农业时代进入工业时代，加大了对自然资源的开采和利用。大规模化石能源的使用，造成了二氧化碳的过度排放。

　　在我国，工业是节能降碳减排的"主战场"。低碳工业是指一种低能耗、低污染、低排放的工业发展模式。

■ 钢铁厂夜景／图片来源 视觉中国

工业低碳化的"四个阶段"

想要判断一个国家或地区的工业是否低碳，首先要根据碳排放水平将这个国家或地区的工业划分为低碳行业和高碳行业。

低碳行业指的是碳排放强度较低的行业，包括服装行业、办公用品制造业等。

高碳行业指的是碳排放强度较高的行业，包括发电、钢铁、水泥和化工等行业。

那我国目前处于工业低碳化发展的哪个阶段呢？

目前我国处于碳达峰之前的控碳阶段。

■ 化工厂 / 图片来源 视觉中国

工业低碳化发展分为四个阶段：

碳达峰阶段

↓

碳排放稳步下降阶段

↓

深度脱碳阶段

↓

净零碳排放阶段

绿色制造，守护绿水青山

传统制造流程：

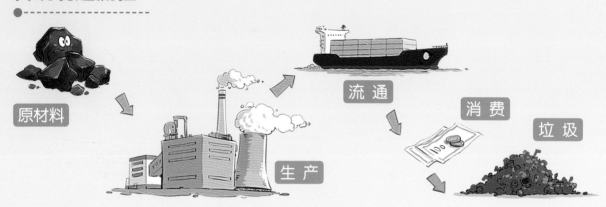

优点： 企业与消费者都注重产品质量。

缺点： 忽视了对废弃物的处理，资源利用浪费较严重，产生废气、废物、噪声等污染问题。

绿色制造流程：

优点： 产品设计、材料选择、加工制造、产品包装、回收处理等都能做到绿色、低碳。

■ 森林河流 / 图片来源 视觉中国

知识点速览

绿色设计

🌱 绿色设计是指在产品的设计过程中，既考虑产品的性能、质量、开发周期、开发成本等，也会将产品生产、使用过程中对环境造成的影响考虑在内。

绿色材料

🌱 绿色材料是指在原料使用、产品制造、产品使用以及废弃物处理等环节，选择与环境和谐共存、有利于人类健康的材料，特别是可再生材料。

绿色工艺

🌱 绿色工艺要求在提高生产效率的同时，节约能源，减少污染，降低产品生产过程对人体和环境的负面影响。

◆绿色包装

🌱 绿色包装必须符合以下标准：不会对生态环境、人体健康造成伤害，可循环使用或再次利用，能促进可持续发展。

◆绿色回收

🌱 绿色回收倡导产品或其零部件的回收再利用，以减少环境污染，提升资源的利用率。

"减碳"钢铁侠，"氢"装上阵

钢铁被誉为"工业的粮食"，社会的发展离不开钢铁。然而，一个不可回避的问题是，钢铁工业是高能耗、高污染行业之一。

■ 钢铁生产 / 图片来源 视觉中国

■ 钢铁厂生产钢铁 / 图片来源 视觉中国

钢铁厂怎样才能减少碳排放呢?

钢铁行业减碳主要有两个办法:一是用清洁能源替代传统化石能源;二是用先进技术提高能源利用效率。

钢铁行业的减碳小妙招

氢气直接还原铁

氢气清洁高效无污染,采用氢气直接还原铁的方法,在冶炼钢铁工序中产生的就是水而非二氧化碳,能大幅减少钢铁生产过程中的碳排放。我国某大型钢铁企业正在探索用氢气作为还原剂的氢冶金技术。

聚焦"高精尖"产品

中国很多钢铁企业正在转型,加强新技术和新产品的研发,从传统的高能耗、高污染的重工业发展模式向低能耗、低污染、的绿色发展模式转变,通过科技赋能减少碳排放。

探索核能制氢

中国目前正在以领先世界的第四代高温气冷堆核电技术为基础,进行超高温气冷堆核能制氢的研发,努力实现钢铁行业的绿色制造。

能"吃碳"的水泥

　　伴随着城市化的快速发展，水泥为我国铺平了一条条四通八达的道路，建起了一幢幢高楼。中国是全球水泥制造大国。减少水泥生产过程中的碳排放，也是实现节能减排目标的重要一环。

小朋友们经常会在马路上看到水泥搅拌车，哪里会用到那么多水泥呢？

水泥的应用非常广泛，盖房子、修路、架桥都会用到水泥。由于水泥的原料结构、生产工艺和巨大的消耗量，水泥行业成为仅次于钢铁行业的第二大工业排碳"黑烟囱"。

水泥制造业的减碳小妙招

葛洲坝：利用水泥余热发电

水泥制造业是吞噬电力能源、热力能源的"猛兽"，充分利用水泥制造过程中的余热发电是水泥行业节能减排的有效途径之一。葛洲坝某水泥发电项目年发电量可达5000万千瓦·时，极大地减少了碳排放量，降低了废气的排放温度以及含尘浓度。

■ 葛洲坝风光

武汉：巧妙解决"垃圾围城"

湖北省某大型水泥工厂通过水泥窑协同处置技术，将大量医疗废弃物放入水泥窑中用1 800℃高温焚烧。这种技术能在生产水泥的同时将城市生活垃圾和医疗废弃物转化为可替代燃料，全面实现垃圾的无害化处置，有效解决了"垃圾围城"的难题。

绿色水泥变身"吃碳能手"

绿色水泥用镁硅酸盐取代天然石灰石，能够在硬化过程中吸收二氧化碳，实现二氧化碳的负排放。

化工行业的减碳"黑科技"

　　化工行业所涉及的领域非常广泛，其上游是煤炭开采、煤炭焦化等大量释放二氧化碳的重工业，下游又渗透到了我们的日常生活中，化工行业的减碳更加复杂。

■ 化工厂夜景 / 图片来源 视觉中国

　　化工产品的名字好奇怪啊！像二甲醚、聚氯乙烯，听起来离我们的生活很遥远。

　　化工行业其实离我们的生活并不遥远！我们日常生活中用到的清洁用品、沐浴露、化妆品等都是化工产品，你提到的二甲醚是车载清洁燃料；聚氯乙烯可制成塑料雨衣。

化工行业的减碳妙招

"捕碳" 技术

化工行业排放的二氧化碳虽然数量巨大，而且纯度较高，但相对更容易被"捕捉"。这些被捕捉到的二氧化碳，既可以封存起来，也可以被当作原料二次利用。

绿色电力存储

随着可再生能源在能源总份额中的占比不断增长，如何储存可再生能源变得越来越重要。化工行业中，我们可以将绿色电力转化为可以储存的氢气、甲烷、甲醇等低碳气体或液体燃料，减少碳排放量。

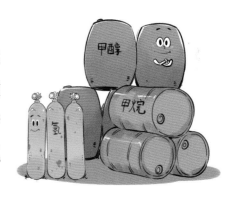

多使用生物基材料

生物基材料是指以谷物、豆科、秸秆、竹木粉等生物质为原料，通过生物转化和聚合而形成的高分子材料。生物基材料是较为环保的新材料。

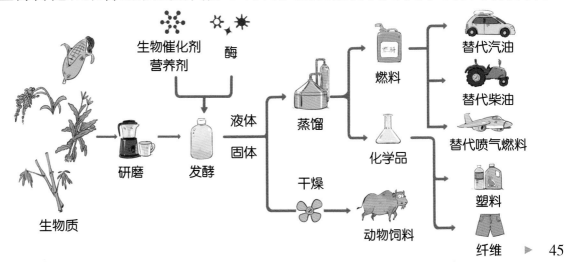

生物催化剂 营养剂 酶
生物质 研磨 发酵 液体 固体 蒸馏 燃料 化学品 干燥 动物饲料 替代汽油 替代柴油 替代喷气燃料 塑料 纤维

▶ 45

工业互联网：碳中和的"加速器"

互联网与碳排放，这两个听起来"风马牛不相及"的词语其实关系密切。工业互联网能够大大提升各行业的能源利用率，加速实现碳中和。

秒懂工业互联网

想象一下你正在玩一款游戏，你不停地收集资源（如铁矿、木头、石油），建造工厂，生产和制造设备，然后利用这些设备去发展建设。在游戏中，谁的科技最发达、生产力最强，谁就能赢。决定胜负的，是你的生产效率。

如果你用电脑操作这款游戏，可以很清楚地看到自己有多少座工厂，生产速度如何；你还可以看到自己有多少生产线，会不会有停工的风险等。正因为你掌握了所有数据，所以才能高效地进行决策。

如此看来，工业信息化、数字化、网络化是不是很有用？幸运的是，梦幻的"工业互联网"时代终于来了！

■ 工程师控制自动化机器人手臂生产工厂零部件 / 图片来源 图虫创意

碳中和的"加速器"

真正的工业互联网，当然要比游戏复杂得多。

简单地说，工业互联网就是把人、数据和机器连接起来，目的是让数据流动起来并且可视化，从而实现效率提升和成本降低，同时减少能源使用和碳排放，实现节能增效。

优秀案例

智能制造

中国很多大型企业都采用工业互联网平台。这一平台将企业需求和智能制造体系连接起来，让企业可以全流程参与产品设计研发、生产制造、物流配送、迭代升级等环节，按需生产，减少碳排放。

▲ 互联网参与工业制造

无人矿山

中国某大型钢铁企业利用互联网技术开发无人矿山项目。该项目采用智能管理，包括矿车无人驾驶、采矿设备无人操作等；还有无人机测绘，并对地理数据进行高精度分析；调度系统开展远程监测等。对生产流程进行优化，助力实现碳中和。

▲ 无人驾驶矿车示意图

全自动化港口

依托于互联网技术，青岛港码头不仅实现了自动化运作，还能对设备的运行状态进行实时监控，对设备可能发生的故障进行预判。这样不仅减少了人力消耗，而且提高了码头的运营效率，助力实现碳中和。

▲ 青岛港码头

低碳产品中的"黑科技"

"寒武纪"人工智能芯片

中国科学院计算技术研究院将这个芯片命名为"寒武纪",寓意着人工智能时代即将全面到来。新一代寒武纪 AI 芯片在功耗、能效比、成本等方面不断优化,适用范围覆盖安防监控、智能驾驶、无人机、自然语言处理等多领域。

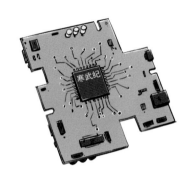

▲ "寒武纪"人工智能芯片示意图

"神威·太湖之光"超级计算机

"神威·太湖之光"超级计算机的运算速度在世界遥遥领先。"神威·太湖之光"采用直流供电、全机水冷等技术,建立了全方位的低功耗设计与控制体系,有效实现了绿色高效节能。

▲ "神威·太湖之光"超级计算机局部示意图

"蓝鲸1号"超深水钻井平台

"蓝鲸1号"是我国自主研制的、世界先进超深水钻井平台,相比传统钻井平台提升了30%的作业效率,节省了10%的燃料消耗。在"蓝鲸1号"的助力下,我国成为全球第一个连续稳定开采深海可燃冰的国家。

▲ "蓝鲸1号"超深水钻井平台示意图

液态"金属机器人"

我国科学家团队研制出了一种液态"金属机器人"。它在"吞食"少量"食物"后，就可以活动1小时，非常节能，而且这种机器人在通电状态下还可以改变形态。

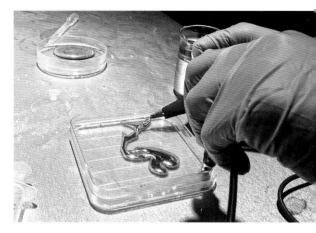

▲ 科研人员展示液态金属

新一代超高强韧钢

从高速列车、深海潜水器到大飞机、大航母，超高强韧钢都是实现轻型化设计、促进节能减排的关键材料之一。中国作为钢铁大国，在超高强韧钢领域实现巨大突破，取得了振奋人心的伟大成就。

▲ 高速列车

电力高速路——特高压

特高压输电技术是电力科技界的"珠穆朗玛峰"。短短几年间，我国已经建立了数条联通南北、横贯东西的特高压输电线路，在世界电网领域实现了"中国创造"和"中国引领"。

▲ 荆门特高压变电站

介绍了很多"高大上"的新科技，这么说来，是不是碳排放就和我们普通人没关系呢？当然不是，我们日常生活中的衣服、纸张、塑料袋、手机等都是工业生产的产物，生产这些物品的过程中也释放了大量的二氧化碳。

 生产手机也会有碳排放吗？

是的，手机的整个生命周期，包括金属、塑料、玻璃等原材料的生产；手机的组装、运输、使用以及锂电池报废处理等都会产生碳排放。

 真想不到，生产一部小小的手机也能产生那么多的碳，我以后要让爸爸妈妈少换手机，为地球节能减排。

生产原材料耗能

组装手机耗能

运输手机耗能

使用手机耗能

处理回收锂电池耗能

绿色 /建筑

伴随着全球人口增多和城市化进程加快，人们需要更多的居住空间。在最基本的"住"的要求被满足之后，人们又开始追求更舒适、更健康的生活和工作环境，这就不可避免地带来了建筑能耗以及碳排放的增加。

近年来，建筑行业也加入了节能减排的队伍，许多绿色建筑出现在人们的视野中。

■ 绿色建筑 / 图片来源 视觉中国

建筑行业——城市化进程中的"产碳大户"

建筑行业碳排放的三个环节：

建筑材料生产

建筑材料种类繁多，这些材料多数需要经过煅烧、熔融等加工处理程序才能获得。材料的生产消耗了大量能源，也产生了碳排放。

建筑施工

建筑施工活动包括新建筑的建造、老旧建筑的维护改良、建筑物拆除，以及与建筑施工活动相关的材料、废料运输等。建筑施工的推进也伴随着碳排放。

建筑运行

我们在宽敞明亮的建筑内使用电器设备供热、制冷、净化空气、照明时，也会直接或间接产生大量的碳排放。

建筑行业的减碳妙招

优化建筑设计

在建筑设计中，合理确定建筑朝向、窗墙比等，充分利用自然资源。

推广低碳材料

在建筑中使用低碳材料，如节能灯具、环保木板等，减少对环境的影响。

提高设备能效

使用节能的空调、照明、电梯等设备和智能管理系统，降低建筑能耗。

采用新型能源

使用新型能源，如太阳能、风能等，降低建筑对传统能源的依赖。

开动脑筋想一想：

小朋友，你还能想到哪些建筑行业的减碳妙招呢?

工地施工场景 / 图片来源 图虫创意

中国古代建筑中的"绿色"智慧

  我国古代建筑充满了"绿色"智慧。睿智的古人特别善于因地制宜，他们能充分利用当地的气候条件、自然优势，实现建筑的节能。例如，徽派建筑以及岭南建筑中的天井都设计得很小，避免过多阳光直射，天井四周又有阁楼围合，这样的设计能形成自然的通风廊道，让酷暑不再闷热。

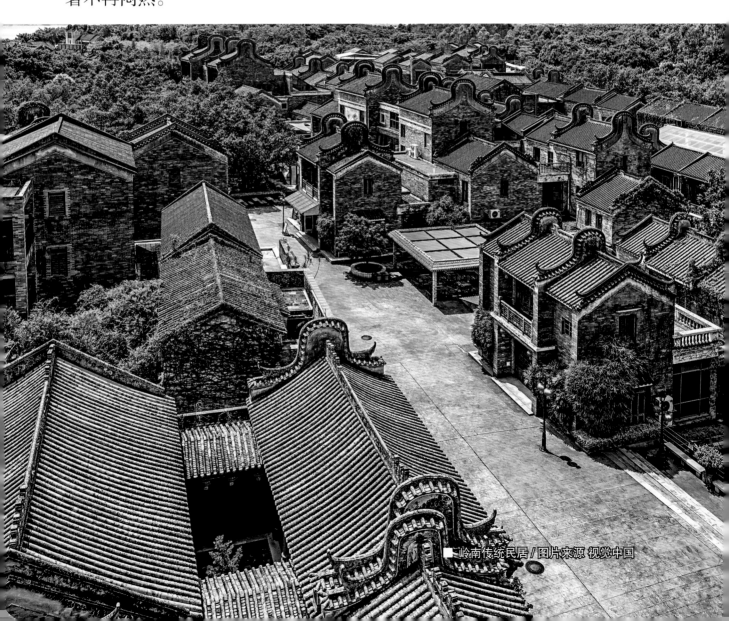

■岭南传统民居／图片来源 视觉中国

现代建筑中的"绿色"智慧

现代绿色智能建筑

建筑设计师将先进的绿色生态技术与绿色能源系统融入建筑设计中。相信在不久的将来，城市大部分建筑都会变成顶层绿荫如盖，内部拥有智能温控的循环系统和各种节能电气设备的绿色智能建筑。

现代立体绿化建筑

建筑的立体绿化既可以节约空调能耗，减少"热岛效应"，也可以加速建筑本身对空气中二氧化碳的吸收。

知识链接 **热岛效应**

热岛效应是指城市比周边地区更热的一种现象。

造成热岛效应的主要原因：

城市建筑群、柏油马路和水泥路面能够吸收更多的热量，城市会产生比周边更多的热源。

北京冬奥村里的绿色建筑

关键词 ······ 科技

国家游泳中心

通过搭建架空结构、安装制冰系统等工序，游泳池变为冰壶赛道，实现了"冰水转换"。这样一来，场馆能承办多种赛事，利用率大大提高。

国家速滑馆

使用可再生混凝土建造，最大程度实现建筑材料循环利用，钢铁用量仅为传统钢结构屋面的25%。

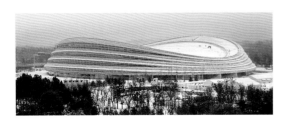

五棵松体育中心

新科技隔温材料的使用，能使体育中心在 6 小时内快速完成冰球、篮球两种比赛场地的转换。

首都体育馆

快速改变冰面温度，在同一块冰面上，可举办短道速滑和花样滑冰两种赛事。

关键词 绿色

全部场馆常规能源 100% 使用可再生能源转化的**"绿电"**。

所有场馆都达到了**绿色建筑**标准。

节能与清洁能源车辆的数量在车辆总量中占比超 80%。

雪上项目赛场主要分布在山区，从**设计源头**减少对环境的影响。

关键词 可持续

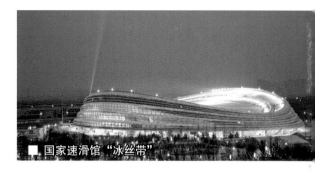

■ 国家速滑馆"冰丝带"

北京冬奥会场馆赛后全面向公众开放。国家速滑馆"冰丝带"设计之初就采取了全冰面设计，可容纳 2000 人同时运动。

国家雪车雪橇中心在设计之初，就预留了大众体验区，目的就是为了赛后向大众开放。

■ 国家雪车雪橇中心

关键词 向未来

以北京冬奥会的成功举办为契机，我国将大力推广"冰雪运动进校园"活动。现阶段，国家级冰雪运动特色学校越来越多，到 2025 年，力争全国要达到 5000 所。

中国绿色建筑地标

上海中心大厦

○ 地址：上海

▲ 高度：632 米

◎ 科技：旋转式的外部造型（降低风力对建筑的影响），漏斗状的螺旋顶端（收集雨水供大楼使用），带有特制彩釉的全玻璃幕墙（遮光），大量 LED 照明光源，中央绿色照明控制系统，270 台风力发电机，地热资源采暖制冷。

○ 节能：每年减少碳排放约 2.5 万吨。

广州珠江城大厦

○ 地址：广州

▲ 高度：309 米

◎ 科技：大厦采用冷辐射天花板，可以在设定为 28℃时让人感受到 26℃的体感温度，实现节能减排。大厦中的发电机可同时利用太阳能和风能发电，甚至可以把多余的电卖给电网。

○ 节能：每年减少碳排放 3000～5000 吨。

清华大学环境节能楼

○ 地址：北京

▲ 建筑面积：约 2 万平方米

◎ 科技：采用了"被动式"建筑设计，充分利用地热能、风能、太阳能等可再生能源，集成应用了自然通风、自然采光、低能耗围护结构、太阳能发电、中水利用、绿色建材和智能控制等先进的技术和

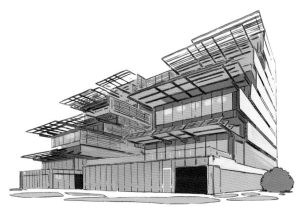

▲ 清华大学环境节能楼示意图

设备，在设计、设备和材料选择、施工、运行管理等关键环节进行节能减排。

✿ 节能：每年减少碳排放约 1200 吨。

杭州低碳科技馆

○ 地址：杭州

▲ 建筑面积：34009 平方米

◎ 科技：科技馆采用了太阳能光伏建筑一体化技术、日光利用与绿色照明技术、水源热泵和冰蓄冷节能技术等高科技手段节能减排，内部施工、展品材料及制造过程也坚持绿色低碳。

✿ 节能：获得国家三星级绿色建筑设计标识证书。

光伏建筑

光伏建筑是一种将太阳能发电技术应用到建筑上，并与建筑融为一体的建筑。

向太阳要能量

向风要能量

太阳能热水

光伏发电

向空气要能量
空气源热泵

风力发电

向湖水要能量
湖水源热泵

向大地要能量

地源热泵

屋顶装了光伏板，就是光伏建筑吗？

不一定，我们所说的光伏建筑是指光伏技术和建筑材料合二为一的建筑。光伏建筑一体化是未来建筑的发展趋势。

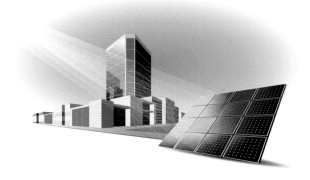

绿色/交通

交通与我们的生活息息相关。我们出行所乘坐的地铁、出租车、高铁、飞机、轮船等交通工具，都会产生大量的碳排放。

绿色交通是指为了减少交通拥挤、降低环境污染、减少碳排放而发展的高效、低污染、有利于环境保护的多元化交通运输系统。

■城市绿色交通／图片来源 视觉中国

交通中的"碳"

伴随着城市化进程的加快，我国近年来交通行业的碳排放量增长惊人。为了实现"双碳"目标，我国交通行业将进行全面低碳转型。

■铁路运输/图片来源 图虫创意

交通行业的减碳妙招

新能源汽车

新能源汽车具有高效低碳的特点。我国正通过加强基础设施建设、政策扶持等多种形式，鼓励新能源汽车的技术研发、销售和使用。

▲ 新能源汽车示意图

智慧交通

智慧交通可以大大提高我们的出行效率，减少路面拥堵和资源消耗。可以设想一下，爸爸妈妈下班后，车载人工智能系统根据他们的需求和实时路况自动规划路线，避开拥堵和事故路段，载着爸爸妈妈一路畅通无阻地回到家。

▲ 车载人工智能系统

无人驾驶共享汽车

共享出行与无人驾驶技术相结合，将会给人们带来更加安全、便捷、低碳的出行服务。

▲ 共享汽车

无人驾驶共享飞行器

无人驾驶共享汽车可能有人听说过，那无人驾驶共享飞行器呢？别震惊，这并不是科幻电影里才有的"神器"，未来，纯电动无人驾驶共享飞行器或许会成为人们解决交通"最后一公里"的首选。

▲ 无人驾驶共享飞行器示意图

绿色交通的种类

绿色公交

绿色公交的动力来源有天然气、燃料电池、混合动力、氢能源和太阳能等。绿色公交废气排放量低，对环境友好，是一种低碳出行工具。

▲ 绿色公交示意图

绿色铁路

绿色铁路是将经济效益和环境保护相结合的高效铁路运行系统。绿色铁路的特征是生态友好、节能清洁、集约高效和可持续性强。

▲ 绿色铁路示意图

绿色航运

未来，小型船舶将会大规模以可再生能源为动力，而大型远洋船舶将依赖新型低碳或零碳燃料。

▲ 绿色航运示意图

绿色空运

使用生物航空燃油是未来绿色空运发展的大趋势。与传统石化航空燃油相比，生物航空燃油的最大优势是极大地降低了碳排放量。

▲ 绿色空运示意图

绿色交通的动力源泉

轻型交通用电能

在现有的清洁能源转化为"绿色燃料"的方案中，交通电气化的实现难度最小、成本最低。随着动力电池技术的快速发展，中国交通电气化的范围越来越广，目前已经覆盖了铁路、轻型机动车、小型船舶、小型飞机等领域。

▲ 电动汽车充电示意图

重型交通用氢能

电池的能量密度相对较低，无法在重型道路交通领域作为主要动力源应用。随着电解水制氢技术的发展，绿色的氢能将成为重型交通节能减排的希望。

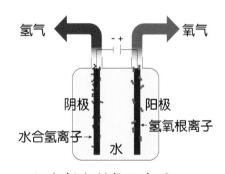

▲ 电解水制氢示意图

海运、空运用生物质能

大型航空和远洋船运对能源种类和能量密度要求较高，无法使用一般的清洁能源作为动力。在目前的技术条件下，使用生物质能是大型航空和远洋船运绿色低碳发展的有效途径。

▲ 生物质燃料

新能源汽车的神奇"食谱"

以锂电池为"食"

由于具备重量轻、储能高、功率大、无污染、可以反复充电等特点，从电瓶车、电动汽车、电动大巴车到电动列车、电动船舶，锂电池都扮演着十分重要的角色。

■ 锂电池

以空气为"食"

在石油资源日渐紧缺的今天，科学家研制出了一款新的环保汽车。这款汽车以压缩空气为动力，最高时速可达约 100 千米，灌满一气瓶压缩空气可行驶约 300 千米。

以核能为"食"

核动力汽车的工作原理是靠铀裂变产生的热量来推动发动机运行。从理论层面讲，核动力汽车真的可以做到"永不加油"。

以太阳能为"食"

这是一款车顶配备太阳能充电系统的汽车。靠太阳能为车内的空调系统供电，减少汽车油耗。该汽车还可以一边行驶，一边充电。

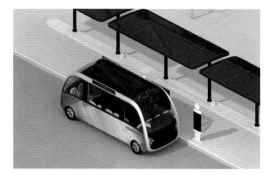

▲ 太阳能充电系统汽车示意图

以风能为"食"

以风力为动力的汽车配备了一个巨大的风力涡轮。驾驶员驾驶汽车时，如果听到"呼呼"的声音，说明涡轮叶片受风力驱动效率高；如果听到"吱吱"的声音，则说明风力较弱，不能很好地驱动叶片。根据听到的声音，驾驶员可以调整涡轮叶片的角度，借助风力更好地驱动汽车。

▲ 风力汽车示意图

以生物质能为"食"

车辆使用生物柴油混合燃料后，氮氧化物排放量与以石化柴油为动力的车辆相当，重金属以及细颗粒物等污染气体的排放则有了显著的降低。

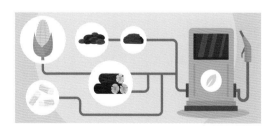

▲ 生物质能转化为柴油燃料示意图

人类交通史上的重要时刻

蒸汽轮船
1807 年

美国人罗伯特·富尔顿设计出完全采用蒸汽动力的轮船"克莱蒙特号"。

自行车
1818 年

德国人卡尔·冯·德莱斯发明自行车并称之为"行走机器"。

蒸汽火车
1814 年

英国工程师乔治·斯蒂芬森发明了蒸汽火车"旅行者号"。

中国交通发展史

有轨电车

1906 年

我国第一个有轨电车交通系统在天津建成。

自行车

1950 年

我国第一个自行车品牌——飞鸽诞生。

地铁

1969 年

中国第一条地铁在北京正式投入运营。

电动汽车

1881 年

法国人古斯塔夫·特鲁夫打造出三轮电动汽车。

摩托车

1885 年

德国人戴姆勒发明了两轮摩托车。

飞机

1903 年

美国人莱特兄弟试飞了第一架飞机"飞行者一号"。

绿皮火车

20 世纪 50 年代

一趟趟绿皮火车载着人们南来北往。

飞机

21 世纪

飞机扩大了人们出差和旅行的范围。

动车组

如今

智能高铁让出行更加舒适、便捷。

"新能源"出行记

博士带着两个小朋友乘坐一辆新能源汽车到达机场。

机场

透过候机大楼的玻璃窗，两个小朋友第一次看到了静待起飞的新能源飞机。

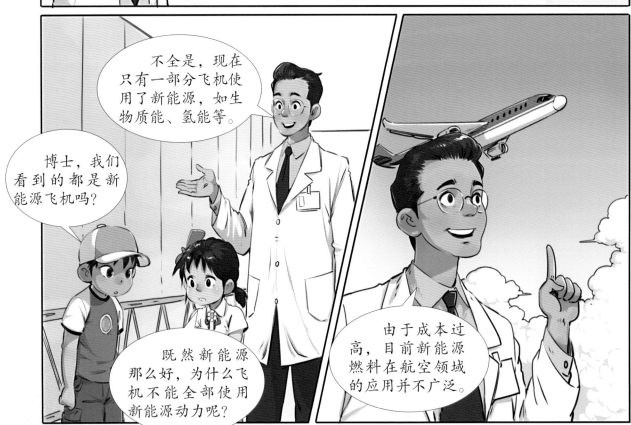

不全是，现在只有一部分飞机使用了新能源，如生物质能、氢能等。

博士，我们看到的都是新能源飞机吗？

既然新能源那么好，为什么飞机不能全部使用新能源动力呢？

由于成本过高，目前新能源燃料在航空领域的应用并不广泛。

绿色/农业

农业在国民经济中发挥着举足轻重的作用。我们的一日三餐与农业相关，农业还能为工业生产提供原料。

绿色农业是指将农业生产和节能减碳相结合，在促进农业发展的同时保护环境。

■ 凤凰沟风景区生态农业 / 图片来源 图虫创意

农业也会产生"碳"？

　　农业与碳的关系是双向的，农业活动既是碳的制造者，又是碳的吸收者。农业碳源主要来自与人类密切相关的种植业和养殖业。

■ 采摘茶叶 / 图片来源 视觉中国

农作物可以进行光合作用，光合作用可以吸收二氧化碳。农业活动怎么会成为碳源呢？

对于现代农业而言，化肥、农药、农业机械的使用，都产生了额外的碳排放，所以农业活动也是碳源。

农业碳排放的六个方面

化肥的使用

农药的使用

农膜产品的使用

农机设备的使用

农耕过程中土壤有机碳的损失

农作物的秸秆燃烧

打响蓝天保卫战

在我国北方的农村地区，过去冬季有大量家庭依靠燃煤来取暖，农业机械也大量使用柴油，这些是雾霾形成的因素之一。近年来，我国雾霾天气明显减少，空气质量显著提升。这与《大气污染防治行动计划》《打赢蓝天保卫战三年行动计划》《科技支撑碳达峰碳中和实施方案（2022—2030 年）》的落实密不可分。

■ 美丽的大自然 / 图片来源 图虫创意

知识加油站

保卫蓝天

对于广大农村地区而言，秋冬露天焚烧农作物秸秆以及使用散煤燃烧取暖是造成大气污染和雾霾的重要原因。我国相关部门利用卫星等科技手段，严控焚烧秸秆，保卫蓝天；同时，倡导使用"清洁能源"替代散煤燃烧取暖。

这次去舅舅家玩，我发现舅舅家农耕用的都是大型机械，比以前进步了很多！

相对于用牛耕地，机械化耕作是一种进步。但是，大型农机排放的尾气中含有大量化合物，对环境十分不友好。另外，农机柴油"泄、漏、跑、散"的特性会对水源和土地造成严重污染。目前，我国正在推行农业机械的"油改电"政策，力争减少碳排放。

从田间到餐桌的减碳密码

　　我国地域广阔，部分农村地区基础设施建设不完善，这导致很多农民辛苦种出来的农产品因流通受阻、缺乏宣传等原因，既卖不了好价钱，也无法进入普通百姓的厨房。

　　探索农产品电商销售模式，有助于打破农产品销售困境，为广大农户创造更多收入，满足消费者对高品质农产品的需求，客观上也起到了减碳的作用。

直播卖农产品和减碳有什么关系呢？我实在想不明白。

以前农民卖农产品，要么是自己运到市场，要么是人们来到田地，而现在，卖家不用去市场，买家不用来田地，货物通过快递运输就可以了，这不就是减碳了吗？

农业电商减碳的重点在于包装和物流。包装材料要尽量以绿色环保的材料为主，并且要考虑包装成本，避免过度包装。传统农业生产比较分散，从种植或养殖到上市销售环节，碳排放难以控制。而互联网技术与农业生产的融合，能带来生产效率的提升以及生产模式的改变，能更大范围地实现各个环节的减排增效。

蔬菜的碳足迹

以西红柿为例，种植采摘、储藏运输，直至进入市场与消费者面对面，每个环节都有碳排放。它与种植过程、运输距离、物流损耗、人们的购买方式等都有关系，所以很难准确地算清楚蔬菜从种植到被购买会产生多少碳排放。

购买食用　种植采摘　储藏运输　进入市场

绿水青山，秀山之路

　　重庆秀山土家族苗族自治县地处武陵山区腹地。曾经的秀山，受地理条件限制，绝大多数农产品在大山中"沉睡"。近年来，秀山县大力发展农村电商产业，开发绿色农产品，将当地的优质农产品销往全国甚至全世界。一系列举措在为农户创收的同时，也持续改善了当地的生态环境，让这里的绿水青山更加秀美。

■ 秀山风光 / 图片来源 视觉中国

丰城"生态硒谷"

　　江西宜春丰城市是全国著名的粮食生产基地，它因地制宜地发展富硒大米、果蔬等绿色有机农业。

■丰城风光／图片来源 图虫创意

大美中国乡村

美丽安吉

安吉位于浙江西北部，这里层峦叠嶂、翠竹绵延，景色十分美丽。竹业、茶业和椅业构成了安吉的三大特色产业。

安吉余村是"绿水青山就是金山银山"理念的诞生地。2008年，安吉在全国首先提出建设"美丽乡村"的口号。

安吉风光/图片来源 视觉中国

■ 婺源自然风光 / 图片来源 视觉中国

■ 婺源乡村风光 / 图片来源 视觉中国

水墨婺源

婺源位于江西北部，被誉为"中国最美乡村"。婺源凝聚了江南水乡的灵动柔美，在青山绿水间勾勒出一幅美丽雅致的江南水墨画卷。

■ 银川新农村村貌整洁／图片来源 视觉中国

塞上江南——银川

宁夏银川被誉为"塞上江南"。各具特色的大小村落是美丽银川的重要组成部分。

曾经"晴天一身灰，雨天一身泥"的银川乡村，现在柏油路、休闲广场、农家书屋一应俱全。天更蓝了，水更清了，日子越来越富裕，这里的人都过上了幸福生活。

■ 银川金秋丰收

■ 伊犁草原风光／图片来源 图虫创意

塞外江南——伊犁

见识了塞上江南的美丽，我们再来看看塞外江南的辽阔与壮美。塞外江南说的就是新疆维吾尔自治区的伊犁哈萨克自治州。

两千多年前，西汉张骞出使西域时，一眼便看中了伊犁河南岸的这片土地。如今，丝绸之路上的"天府"伊犁，正凭借独特的区位和资源优势大力发展绿色农业。

了不起的植物工厂

传统农业是一种资源密集型、劳动密集型产业，但随着生物技术、信息技术的发展，现代绿色农业逐渐成了农业发展的主流。那么，现代绿色农业究竟是什么样子的呢？欢迎来到植物工厂。

哇，真干净！这个农场怎么没有土，也没有阳光呢？

这正是植物工厂的先进之处！植物工厂采取了**无土栽培、人工光控、节水浇灌**等技术，配合智能温度、湿度系统，为作物生长创造了适宜的环境，可以实现各类作物全年不间断生长的需求。相信在不久后的一天，农场会建在高楼大厦里面，农民伯伯甚至还可能把庄稼"种"到太空中去！

太棒了！我喜欢蔬菜！

碳中和

战役中的"重磅武器"

　　为了减缓全球变暖，人们想出了三个办法来减少碳排放：

　　一是努力不产生碳，这需要充分利用清洁能源；二是尽量少产生碳，这需要进行技术和管理创新，提高能效；三是将已产生的二氧化碳"抓回来、存起来"。

　　碳汇、科技助力、碳排放交易，是碳中和战役中的"重磅武器"。

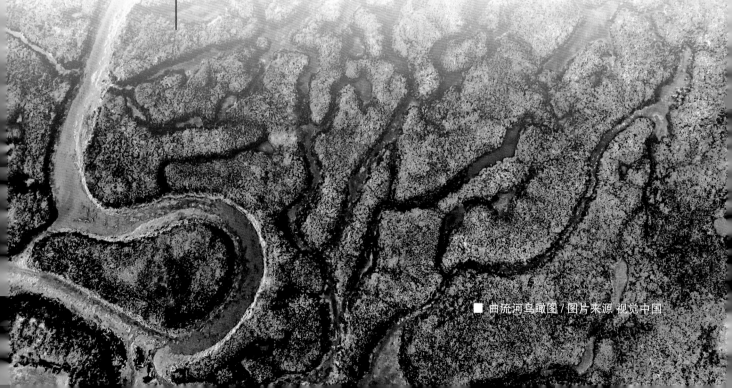

■ 曲流河鸟瞰图 / 图片来源 视觉中国

碳汇

　　碳汇，是指通过植树造林、植被恢复等一系列措施，吸收大气中的二氧化碳，降低大气中二氧化碳浓度的过程、活动或机制。

　　千万不要被"碳汇"这个专业而陌生的词语吓到了，其实，我们每天见到的绿树、青草等都是碳汇的主体。

碳汇的主要类型：

森林碳汇　林业碳汇　海洋碳汇　草原碳汇　湿地碳汇

■ 树林 / 图片来源 视觉中国

二氧化碳的捕获、利用与封存

二氧化碳的捕获、利用与封存被视为应对气候变化的"重磅武器"之一。碳的捕获、利用与封存并不是单项技术，而是一套技术组合。

捕获：利用碳捕集技术将二氧化碳从工业生产排出的混合气体中提取出来的过程。

封存：被捕获、压缩后的二氧化碳通过管道、罐车、输气船舶等方式运输，最后再将这些二氧化碳注入地下、海底等地进行封存。

利用：经过处理之后的二氧化碳不但不会危害环境，还可以在地质、化学、工业生产等方面发挥重要的作用。

森林碳汇

森林被誉为"地球之肺"。森林碳汇是指森林植物通过光合作用将大气中的二氧化碳吸收并固定在植被与土壤当中，进而减少大气中二氧化碳浓度的过程。

■ 绿色林海

我国三大林区

我国三大林区分别是东北林区、西南林区和南方林区，其中最大的天然林区是东北林区。东北地区的大兴安岭位于黑龙江省西北部、内蒙古自治区东北部，是我国保存较完好、面积最大的原始森林，也是中国最重要的林业基地之一。

知识链接

森林碳汇和林业碳汇的联系与区别

联系：森林碳汇和林业碳汇都与森林生态系统有关，森林生态系统的保持和恢复对于实现森林碳汇和林业碳汇的目标具有重要意义。

区别：森林碳汇强调的是自然生态系统的吸收能力，而林业碳汇则注重人类通过植树造林、森林管理等活动增加植物吸收碳的作用，并将这些碳汇进行交易，以鼓励更多的人参与保护生态环境。

■ 东北林区 / 图片来源 视觉中国

林业碳汇

　　林业碳汇是指利用森林的储碳功能，通过植树造林、保护和恢复森林植被等一系列举措，吸收和固定大气中的二氧化碳，并与碳汇交易相结合的碳汇类型。

中国广西珠江流域治理再造林项目

■ 马尾松

　　2006年，我国成功实施了全球第一个清洁发展机制下的林业碳汇项目——中国广西珠江流域治理再造林项目。该项目科学选择适宜树种，以混交方式栽植马尾松、桉树、木荷等树木，吸收大量二氧化碳；同时开展低碳减排管理，尝试碳汇交易，探索了清洁发展机制下开展再造林项目的技术与方法。

知识点速览

中国绿色碳汇基金会

　　2010年，我国首家以增汇减排、应对气候变化为目的的全国性公募基金会——中国绿色碳汇基金会成立。这标志着我国林业碳汇发展迈出了关键性的一步。

草原碳汇

    草原生态系统通过光合作用吸收大气中的二氧化碳，并以有机碳的形式将吸收的二氧化碳固定在草原植物体内和草原土壤中，从而形成草原生态系统的"碳容器"。草原是仅次于森林的陆地第二大碳库，是碳汇的重要组成部分。

■ 呼伦贝尔草原／图片来源 图虫创意

湿地碳汇

　　湿地有"地球之肾"的美誉，它与海洋、森林被并称为"地球三大生态系统"。湿地不仅在涵养水源、蓄洪防旱、调节区域气候、降解污染、净化水质、保护生物多样性等方面意义重大，还是重要的碳库。

■ 龙凤湿地／图片来源 视觉中国

海洋碳汇

海洋碳汇又称"蓝碳"，是指将海洋作为一个特定载体，吸收大气中的二氧化碳，并将其固化的机制。

我国是世界上为数不多的同时拥有红树林、海草床和盐沼三大蓝碳生态系统的国家，海域面积广阔。得天独厚的海洋优势赋予了我国海洋碳汇巨大的潜力。

■ 北海红树林 / 图片来源 图虫创意

你知道吗？地球上超过一半的生物碳和绿色碳都是由海洋生物捕获的。单位海域中生物固碳量是同面积森林的 10 倍，草原的 290 倍。

知识链接

有"颜色"的二氧化碳

绿碳： 陆地绿色植物通过光合作用固定二氧化碳的过程，被称为"绿碳"。森林、河湖湿地、草原、农田等都属于绿碳范畴。作为陆地生态系统的重要组成部分，森林年均固碳量可抵消同期化石燃料碳排放量的 11%。

蓝碳： 相对于陆地上的"绿碳"，利用海洋活动及海洋生物吸收储存大气中的二氧化碳的过程被称为"蓝碳"。

神奇的碳市场

前面，我们介绍了一些"捕碳"的技术，但现阶段有些企业并不具备"捕碳"能力，它们只能通过支付一定的成本来购买碳排放权。碳市场在这样的大背景下应运而生。

碳市场是为了激励人们主动节能减排而出现的交易系统，它是实现"双碳"目标的核心政策工具之一。

这么说来，二氧化碳还能和商品一样进行买卖？

还真能！早在十几年前，我国就已经开始开展碳交易了。碳交易是一种市场机制，旨在通过买卖碳排放配额来实现碳减排目标。在碳交易中，政府或企业可以购买碳排放配额，以完成减排任务；同时，也可以通过销售减排配额来获取资金支持。

我们计划扩大生产，可是碳排放额度不够……

我这儿有多余的碳排放额度……

国内碳市场蓬勃发展

从 2011 年开始，我国陆续在北京、天津、上海、重庆、湖北、广东、深圳 7 省市开展碳排放权交易试点。

2021 年 7 月 16 日，中国碳排放权交易市场启动上线交易。那些碳排放超出规定额度的企业，可以向碳排放较少、碳排放额度有盈余的企业购买碳排放权。

等等，这样交易来，交易去，二氧化碳排放还是没有减少啊？

在这种机制的带动下，企业就会有很强的动力去减排。因为不减排就要花钱啊，而减排的量足够多还能赚钱。

知识链接

全国碳市场启动第一年，成绩如何?

2021 年 7 月 16 日至 2022 年 7 月 15 日，全国碳排放配额累计成交量 1.94 亿吨，累计成交额近 85 亿元。

碳配额

指经政府主管部门核定，企业所获得的一定时期内向大气中排放温室气体（主要是二氧化碳）的总量。它是碳市场的主要交易产品，也是企业的重要资产。

"捕碳"行动

为了让两位小朋友更加直观地了解"捕碳"的过程，碳博士带他们到一家城郊的大型工厂参观。

那边好大的烟，是不是在排放二氧化碳啊？

不是。那是白色的水蒸气，二氧化碳已经被"抓"走了。

您这话是什么意思？

工厂已经在烟囱上加装了二氧化碳吸附装置，把大量的二氧化碳"捉"了回来，"逃"走的都是水蒸气。

捕捉到的二氧化碳，有些通过高压管道被送到地下或海底，安全地封存。

有些则通过生物转化被做成食品、饲料或肥料。

参观了这么久，有点口渴了。要不我们喝可乐吧！

可乐里也有二氧化碳。我们要把它们喝了，将二氧化碳封存在肚子里，为环保作贡献。

哈哈，那你可别打嗝哦。

低碳 生活，从我做起

　　全球气候变化影响着每一个人，减碳减排不仅仅是政府和企业的责任，更需要我们参与其中，尽量减少自己的碳足迹。

　　我们要养成良好的生活习惯，不买多余的东西，拒绝过度包装，节电、节气，循环利用物品，做到人与自然和谐相处。

碳足迹

　　我们每走一步，都会留下足迹。世界上有各种各样的足迹，其中有一种足迹，我们既看不见也摸不着，它就是碳足迹。

　　碳足迹是指个人、家庭、机构或企业的碳耗用量记录。碳耗用得多，碳足迹就越多；反之，碳足迹就越少。

一起来测试一下我们的碳足迹吧！

不管是宅在家，还是出行，我们的活动都有可能造成碳排放，留下碳足迹。

以某个小朋友的生活为例，快来看一看他的碳足迹都留在哪里了吧！

★ 洗一次热水澡，排放二氧化碳 420 克；

★ 丢 1000 克垃圾，排放二氧化碳 2060 克；

★ 搭电梯上一层楼，排放二氧化碳 218 克；

★ 用 1 立方米天然气，排放二氧化碳 2100 克；

★ 用 1 吨水，排放二氧化碳 194 克；

★ 看电视 1 小时，排放二氧化碳 96 克；

★ 开电扇 1 小时，排放二氧化碳 45 克；

★ ……

你能算出来他每天的生活可能会排放多少二氧化碳吗？一年又会排放多少呢？把班级里的碳排放量加在一起，再算一算。

碳足迹计算公式

家居用电的二氧化碳排放量（千克）= 耗电量 × 0.785

开燃油汽车的二氧化碳排放量（千克）= 油耗数 × 2.7

短途飞机旅行（200千米以内）的二氧化碳排放量（千克）= 千米数 × 0.275

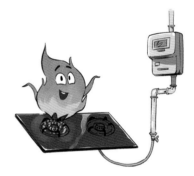

家用天然气的二氧化碳排放量（千克）= 天然气使用度数 × 0.19

家用自来水二氧化碳排放量（千克）= 自来水使用度数 × 0.91

备注："碳足迹"或"碳排放"主要由四个部分组成：用电量、用水量、用气量、耗油量。计算公式是：用量乘以相应的二氧化碳排放强度系数。由于地区能效不同，强度系数也不同，因此，在计算时需要根据实际情况进行调整。

我们的碳排放量很惊人，对不对？别着急，我们可以通过植树来"补偿"。假如按照一棵 30 年树龄的冷杉一年能吸收 111 千克二氧化碳来计算，一个人用了 100 度电，就相当于排放了 78.5 千克二氧化碳。为此，他需要种植 1 棵冷杉来补偿。如果开车消耗了 100 升汽油，那么二氧化碳排放量为 270 千克，为此，他需要种下 3 棵冷杉……

如果不以种树"补偿"，我们也可以根据国际一般碳汇价格进行"补偿"。按一般标准，每排放一吨二氧化碳，碳汇价大约 70 元人民币。虽然现在不用真的花这笔钱，但你可以悄悄地计算一下，我们的碳足迹所对应的代价有多大。

通过计算碳足迹，我们可以直观地了解各种活动对地球造成的影响，提高节能环保的意识。

真是不算不知道，一算吓一跳！我一定要努力减少自己的碳足迹。

知识链接 北京众多公园布设碳足迹计算器

北京市园林部门在海淀公园、北京动物园、北京植物园等众多公园布设了碳足迹计算器。市民通过在计算器的触摸屏上操作，就可以得知自己一天的碳排放量，以及碳中和所需种植的树木种类和数量。

"衣食住行" 里的低碳生活

衣——穿衣服

🍃 拒绝皮草及一切含动物皮毛的服装。

🍃 穿着棉质、亚麻或丝绸的衣服，这些质地的衣服环保、耐穿。

🍃 衣服多晒干，少烘干。

🍃 穿不下的旧衣服，可以捐赠给他人。

🍃 把不能穿的衣服收集起来，做成环保布袋等用品，实现资源再利用。

食——饮食

🍃 买菜时，用自备的菜篮子或布袋装菜，少用一次性塑料袋。

🍃 按需准备食材，不能浪费。

🍃 拒绝过量食肉，荤素搭配更健康。

🍃 使用环保餐具，不用一次性餐具。

住——居家

🍃 在家多种些花草，不仅美观，还能吸收二氧化碳。

🍃 使用竹制家具，因为竹子比树木长得快；不用真皮家具。

🍃 使用可降解、用量少的洗涤用品，减少对水源的污染。

🍃 外出随身携带专属水杯，方便又卫生。

🍃 方便筷、竹签以及包装纸，使用后可回收利用，做成工艺品。

行——出行

🍃 目的地很近时，骑自行车出行。

🍃 行李不多时，乘坐公共交通出行。

🍃 坐出租车时，尽量选择新能源车辆。

🍃 驾车出行前，规划好路线，避开拥堵路段。

"三省"低碳小妙招

🏠 省电

白天写作业时，尽量靠近窗户，享受自然光线。

低楼层居民尽量少乘电梯，多爬楼梯。

家中电器使用后，随手关闭电源。

如果用电脑听音乐，将显示器调暗。

充分利用"天然风扇"，开窗让新鲜空气流入房间。

省水

刷牙时关闭水龙头，否则 10 天就可能会多用一吨水。

把马桶水箱里的浮球调低 2 厘米，这样一年可以省下不少水。

洗澡时，用水要适度，不能浪费水。

衣服攒够一桶再使用洗衣机清洗。

饭后刷盘子时，水龙头不必开太大。

省纸

纸张尽量双面打印。

草稿纸写满再换，不要只写几个数字就扔掉。

收集用过的草稿纸、旧作业本及试卷，以便重新加工成新的纸张。

尽量节约用纸，用手帕代替餐巾纸。

在废报纸上练习写毛笔字和画画。

垃圾分类我知道

伴随着我国城市人口的增长以及居民消费水平的提高，城市生活垃圾持续增加。垃圾分类，势在必行。

一般来说，生活垃圾可按照可回收物、有害垃圾、厨余垃圾、其他垃圾进行分类。

知识点速览

可回收物

指废纸、废塑料、废玻璃制品、废金属、废织物等适宜回收、可循环利用的生活废弃物。

有害垃圾

指废电池、废灯管、废药品、废油漆等会对人体健康或者自然环境造成直接或者潜在危害的生活废弃物。

厨余垃圾

指食材废料、剩菜剩饭、过期食品、瓜皮果核、中药药渣等易腐的生活废弃物。

其他垃圾

指除可回收物、有害垃圾、厨余垃圾以外的其他生活废弃物。

生活垃圾去哪儿了？

其他垃圾：这类垃圾一般采取生物分解、卫生填埋等方法处理。

厨余垃圾：这类垃圾一般采用粉碎直排、饲料化、能源化等方式处理。

可回收物：这类垃圾主要考虑资源回收利用。

有害垃圾：这类垃圾须要单独回收，进行无害化处理。

垃圾分类益处多

生活垃圾中有些物质不易降解，如果不分类，随意堆放在一起，会占用很大的空间。垃圾分解时间过长，会散发臭气，甚至产生毒素，破坏我们赖以生存的环境。

简而言之，垃圾分类可以减少占地，减少环境污染，变废为宝，有利于建设资源节约型、环境友好型的美丽中国。

■ 桂林风光／图片来源 视觉中国

公益消除碳足迹

一平米草原保护计划

很久之前的草原，风里总透着一股子青草香。随便扒开一丛草，隐约能看到小昆虫。然而，随着大面积开垦，草原开始一片片荒芜……

一平米草原保护计划是中国绿化基金会的公益项目，该项目通过种植以柠条为主的灌木作为防护带，灌木带之间撒播杨柴、草木樨等草种进行草原修复。

守护红树林

红树林既是防风消浪的"海岸卫士"、净化海水的"过滤器"，还是维持生物多样性的"鱼虾乐园""鸟类天堂"……

▇ 高桥红树林保护区

"红树林保护修复专项行动计划"致力于开展红树林科学研究、生态修复和生态保护活动。

■翠屏五指山风光 / 图片来源 视觉中国

▶ 111

植树造林，创造绿色奇迹

经过几代人持续的努力，海南三沙市岛礁的沙石荒地变成了生机勃勃的绿洲。

■ 三沙永兴岛风光 / 图片来源 图虫创意

■ 新疆阿克苏 / 图片来源 图虫创意

■ 河北塞罕坝 / 图片来源 图虫创意

新疆阿克苏，近390万人次参加了50多次植树大会战，昔日风沙之地变为今日绿色果园。

河北塞罕坝，从一棵松到百万亩林海，坚韧的植树人经过数十年的努力，将荒漠变成了绿色屏障，创造了令世界惊叹的奇迹。

与环保有关的纪念日

中国植树节

每年的 3 月 12 日为中国植树节。植树节的设立是为了激发人们爱林、造林的热情，促进国土绿化，保护人类赖以生存的生态环境。

世界地球日

每年的 4 月 22 日为世界地球日。世界地球日的设立旨在提高民众对现有环境问题的认识，动员大家参与到环保运动中，通过绿色低碳生活改善地球环境。

世界环境日

每年的 6 月 5 日为世界环境日，它反映了人类对美好环境的向往和追求。

小和的碳足迹

小和一家乘高铁从上海到北京旅游，相较于乘飞机，约减少 500 千克二氧化碳排放。

自驾新能源汽车从首都机场到八达岭长城，相较于驾驶普通汽车，约减少 13 千克二氧化碳排放。

少吃 1 个牛肉汉堡，约减少 3 千克二氧化碳排放。

少买 1 件 250 克的纯棉文化衫，约减少 7 千克二氧化碳排放。

少用 1 个塑料袋，约减少 0.1 克二氧化碳排放。

在酒店，空调调高 1 度，关闭不用的灯，也可以节能减排。

备注： 以上数据仅供参考，具体数值可能因地域、季节、能源来源以及应对二氧化碳的技术和措施等因素而有所不同。